AF314209

EXPLICATION

ET HISTOIRE

DU

PUITS DE GRENELLE.

Tout expliquer, c'est tout unir.

DIXIÈME ÉDITION.

PARIS,

CHEZ LEDOYEN, LIBRAIRE,

GALERIE D'ORLÉANS, 31;

ET A L'ABATTOIR DE GRENELLE.

1854.

NOTICE SUR AZAIS.

Pierre-Hyacinthe Azaïs naquit, à Sorèze, le 1er mars 1766. Son père dirigeait les études musicales dans le collége de cette ville. Le jeune Azaïs y fut placé à l'âge de six ans. De bonne heure, il inspira de l'attachement à ses professeurs, entre autres à celui de physique, qui, le traitant comme un fils, lui abandonnait ses livres, ses instruments, aimait à s'entretenir avec lui des plus grands objets, et lui donnait ainsi l'habitude et le goût des études élevées.

A dix-sept ans, Azaïs quitta Sorèze, entra dans la congrégation des *Doctrinaires*, et fut envoyé au collége de Tarbes comme régent de cinquième ; mais ces fonctions étaient antipathiques à son caractère à la fois ardent et recueilli. Il écrivit à son père sur le ton du désespoir ; ses lettres tombèrent entre les mains de l'évêque d'Oléron, en Béarn ; le bon évêque en fut frappé, prit intérêt au jeune homme et lui fit offrir l'emploi de secrétaire. Azaïs accepta avec ravissement, et dans sa nouvelle et douce position il put déjà, quoique bien jeune encore, observer le contraste que présentaient les peines, les discordes, les ennuis mêlés au plaisir et à l'opulence de la haute société réunie alors autour d'un évêque.

Cependant l'évêque, homme d'une piété ardente, engageait son jeune protégé à entrer dans les ordres ; mais telle n'était point la vocation de celui-ci, et il se décida à quitter Oléron. Passionné pour la musique et pour la retraite, il alla s'enfermer, en qualité d'organiste, dans une petite abbaye de bénédictins, située au milieu des Cévennes.

La révolution, en détruisant les couvents, vint bientôt tirer Azaïs de son agreste solitude. Il fit alors l'éducation de quelques jeunes gens et fonda un petit pensionnat à Albi ; mais, indigné des horreurs révolutionnaires, il publia une brochure pleine de traits véhéments. Il fut poursuivi, condamné à la déportation, et, dans sa détresse, il trouva un refuge dans l'hôpital de Tarbes, près de bonnes sœurs de la Charité, pour lesquelles il conserva toute sa vie une religieuse reconnaissance.

C'est là que, sous l'influence du calme que la bonté répandait dans l'asile du pauvre, tandis que, au dehors, les bouleversements révolutionnaires présentaient le tableau de toutes les vicissitudes humaines, Azaïs jeta les bases de sa consolante philosophie. D'abord, il sentit le besoin d'exprimer ses pensées, non pour les publier un jour, disait-il, mais « pour son bonheur, pour donner « à son paisible loisir l'emploi le plus conforme aux sentiments « qu'il éprouvait, » et les notes jetées alors sur le papier devinrent, plus tard, ce traité des *Compensations* qui devait consoler bien d'autres infortunes. Bientôt ses méditations l'amenèrent à chercher, dans l'ensemble de l'univers, cet ordre, cette unité, cet équilibre par balancement, qu'il trouvait dans la destinée de l'homme. En présence de ces grandes pensées, toute autre occupation lui devenait impossible, et, lorsqu'au bout de trois ans il quitta son mystérieux réduit, ce fut pour aller chercher, dans les Pyrénées, une retraite plus vaste, mais non moins paisible.

Après six années d'études de tous genres et de recherches passionnées sur la nature et ses lois, Azaïs, trouvant son œuvre assez avancée, quitta ses montagnes, vint à Paris, et publia un aperçu de ses idées sous le titre d'*Essai sur le monde.* Deux ans après, il exposa ces mêmes idées devant un brillant auditoire, à l'Athénée, et publia son livre des *Compensations*, qui produisit une vive sensation et fut « accueilli par tous les hommes généreux, a dit un « critique, comme étant la manifestation d'une vérité providen- « tielle dont ils avaient, en quelque sorte, la prescience, parce « qu'ils en sentaient le besoin. »

Nommé inspecteur de la librairie à Avignon, Azaïs publia, dans cette ville, un ouvrage très-étendu, intitulé *Système universel,* dans lequel il a développé l'ensemble de ses idées et indiqué, par ses aperçus, un grand nombre de faits confirmés, depuis, par l'expérience scientifique.

Azaïs fut envoyé d'Avignon à Nancy ; mais, en 1815, la chute de Napoléon vint lui enlever sa modeste position. Il revint à Paris et lutta longtemps contre la mauvaise fortune. Enfin quelques personnes éminentes dans les sciences et dans les lettres obtinrent, pour lui, du gouvernement, une pension qui suffit à son existence et à celle de sa famille, à laquelle il avait inspiré sa simplicité et sa modération. Depuis ce moment, Azaïs travailla sans cesse, soit dans ses nombreux ouvrages, soit dans ses cours publics, à répandre des idées qui, dans son espoir, devaient amener l'unité dans la science et le calme dans les esprits ; sa devise était : TOUT EXPLIQUER, C'EST TOUT UNIR.

— 3 —

L'auteur d'un article du *Journal des Débats* (15 août 1839), tout en combattant plusieurs doctrines d'Azaïs, nous paraît avoir dignement apprécié son caractère, le but et l'importance de ses travaux. Voici, sous ce rapport, quelques extraits de cet article :

« M. Azaïs a un nom célèbre, on peut dire un nom européen.
« Tout le monde a entendu parler de ce philosophe aux cheveux
« blancs, au front noble et serein, qui professe, à la manière an-
« tique, sous les ombrages d'un petit jardin, au fond de l'un des
« faubourgs les plus retirés de la capitale. On sait que M. Azaïs
« est un penseur indépendant, qui ne relève d'aucune école et
« qui a rompu franchement avec toutes les traditions; mais ce
« que l'on sait moins bien, c'est que M. Azaïs est le plus con-
« vaincu, le plus sincère et le plus aimable des hommes qui ont
« porté le nom de philosophe. Philosophe! je cherche un autre
« mot pour caractériser M. Azaïs : c'est un sage de la plus rare
« et de la plus honorable espèce, un de ces solitaires qui jadis
« auraient vécu dans la mémoire et la vénération de la Grèce. Il
« a fait de la philosophie ce qu'elle n'est pas toujours, un vrai
« sacerdoce : l'ambition, l'ostentation et la vanité ne sont point
« entrées dans son cœur; il a dévoué sa vie à la passion naïve et
« désintéressée du vrai... Soit qu'il parle, soit qu'il écrive, M. Azaïs
« sait revêtir sa pensée d'une expression harmonieuse et pitto-
« resque. Alors même que la raison combat, l'imagination est cap-
« tivée par l'élégance, la grâce, la douceur et l'onction du lan-
« gage.

« Mais ce qu'il y a de plus difficile que de penser en philosophe,
« c'est de vivre en philosophe. Qui refusera ce mérite à M. Azaïs?
« M. Azaïs a passé trente à quarante années de sa vie à étudier le
« système de l'univers, à rechercher les lois qui régissent le monde
« physique et le monde moral; il a embrassé dans ses vastes spé-
« culations l'homme et la nature; il a expliqué l'ensemble des
« êtres par un principe unique, suprême, universel; en un mot,
« c'est le monde, oui, le monde même, que M. Azaïs a pris pour
« texte de son hardi commentaire. Quel que soit le jugement que
« l'on porte sur le *Système universel*, on ne peut s'empêcher d'y
« reconnaître l'effort d'un esprit aussi vaste que profond, d'une
« haute et vive intelligence... Eh bien! sait-on quel a été le prix
« de ces longs et prodigieux efforts? Si M. Azaïs avait eu moins
« d'ambition, s'il avait eu la modestie de se renfermer dans son
« cabinet pour déchiffrer des médailles, compiler des dates ou

« disséquer des insectes, oh! certainement, M. Azaïs aurait fait
« son chemin dans le monde; la fortune et les honneurs seraient
« venus le chercher à son premier signe; il aurait vu s'ouvrir de-
« vant lui les portes du collége de France ou tout au moins celles
« de l'Académie. Malheureusement pour M. Azaïs, il a pensé que
« le monde était un plus beau sujet d'étude qu'un moucheron ou
« un brin d'herbe; il a fait le *Système universel*, et, pour prix de
« ses veilles, il n'a recueilli que l'indifférence et l'oubli; il n'oc-
« cupe ni chaire au collége de France, ni chaire à la faculté, ni
« fauteuil à l'Académie. Les honneurs ne sont pas venus, et en-
« core moins la fortune; M. Azaïs est septuagénaire et pauvre...

« Telle a été la destinée de M. Azaïs : on voit qu'il est, en
« quelque sorte, le martyr de la science. Mais ce qu'il faut dire à
« son insigne honneur, c'est qu'il supporte ce martyre avec la
« plus constante égalité d'humeur, avec la plus douce philosophie;
« ni les poignantes rigueurs du sort, ni l'indifférence et l'injustice
« des hommes n'ont eu le pouvoir d'ajouter une ride au front de
« l'aimable et gracieux vieillard. Il en appelle du présent à l'ave-
« nir!... »

Un mois avant sa mort (janvier 1845), Azaïs, qui, à l'aide d'une
vie simple et pure, conservait, dans sa 78ᵉ année, et ses ardentes
convictions et la faculté de les exprimer, faisait imprimer un dernier écrit ayant pour titre, *le Précurseur philosophique de l'explication universelle.*

« J'ai eu, » dit l'auteur de la notice sur Azaïs, publiée dans
l'Écho du monde savant (13 et 17 avril 1845), « la triste consola-
« tion de voir M. Azaïs peu de jours avant sa mort, et de recevoir
« les dernières pressions de sa main. Tout en m'expliquant la na-
« ture et le mode de ses souffrances, il voulait encore en rendre
« compte par ce balancement symétrique de deux actions en sens
« inverse, dans lesquelles celle de destruction semblait vouloir
« prendre le dessus, mais dont il espérait triompher encore par
« la force de sa constitution, comme il en triomphait moralement
« par la force de son intelligence. Car, à ceux qui ne l'ont pas
« connu, je dois signaler ce fait rare : oui, cette intelligence
« d'élite a conservé jusqu'à sa dernière heure toute sa puissance,
« et s'est ensevelie pure et entière dans cette pensée de justice
« divine par *compensations* qui l'a toujours dominée. »

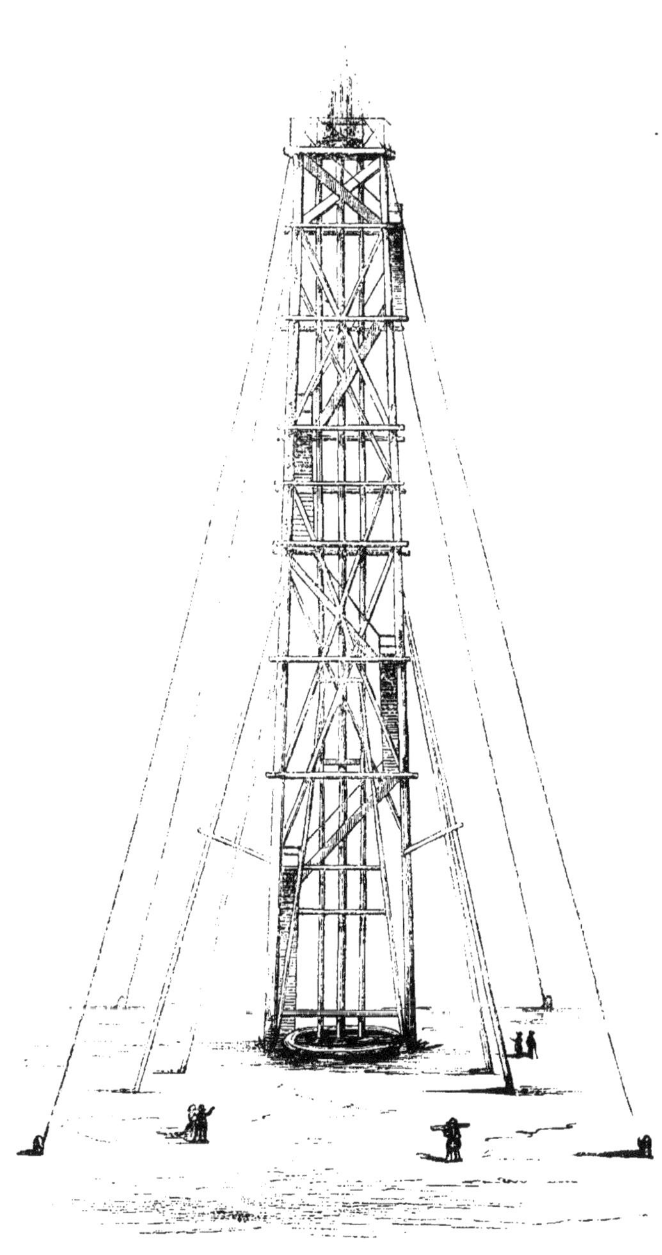

JAILLISSEMENT DE GRENELLE.

112 pieds de saillie, 1,700 pieds de profondeur; trois tubes, l'eau
monte par celui du milieu, retombe par celui qui est à droite, le
trop plein est déchargé par celui qui est à gauche; quatre haubans
affermissent la charpente.

EXPLICATION

ET HISTOIRE

DU

PUITS DE GRENELLE.

PREMIÈRE PÉRIODE.

Buffon, dont le génie pressentait les importants secrets cachés dans les entrailles du globe, désirait que l'un des rois de son époque fît creuser le plus profondément possible dans l'enveloppe terrestre, pour que les regards de l'homme pussent, du moins, s'avancer vers la région de ces secrets.

La ville de Paris a réalisé le vœu du grand naturaliste ; elle a autorisé le forage du puits de Grenelle, œuvre colossale dans son genre, excavation la plus profonde que la main de l'homme ait pratiquée, et qui, selon les pressentiments de Buffon, est devenue l'expérience la plus frappante, la plus instructive qui pût être faite sur le corps même de la planète que nous habitons. D'une part, une colonne aqueuse de 9 pouces de diamètre et d'une longueur de 1,700 pieds (huit fois la hauteur des tours de Notre-Dame) s'est élancée avec une telle impétuosité, qu'un jaillissement de 100 pieds encore au dessus de la surface n'a pu la satisfaire. D'un autre côté, la force souterraine qui projette cette masse énorme s'est montrée susceptible d'une irritation extrême, car, après bien des essais d'agitation contre les résistances qu'elle rencontrait, elle en est venue, le 6 octobre 1841, à une sorte de paroxysme brusque, désordonné, et d'une telle violence, que le tube intérieur, formé d'un cuivre très-épais, a été tordu, broyé. Cependant le jaillissement n'a pas été interrompu, et rien dans le sol n'a été ébranlé.

D'où a pu procéder une telle catastrophe? Pour le découvrir;

cherchons d'abord d'où émane le torrent aqueux que cette catastrophe est venue surprendre.

Qu'est-ce que le jaillissement de Grenelle? Ce phénomène n'est-il qu'un simple jet d'eau, et, pour l'expliquer, suffit-il de s'adresser aux premières lois de l'hydraulique? Examinons.

Un jet d'eau existe partout où une masse d'eau rassemblée dans un réservoir exhaussé s'en échappe à travers la pente d'un canal recourbé, dont la seconde branche l'aide à remonter au niveau du point d'où elle est partie. C'est un emploi simple et direct de la puissance d'équilibre.

Il suit de cette définition que, si la première branche du canal destiné à former un jet d'eau se sépare de la seconde, si elle ne fait pas, avec cette seconde branche, un canal unique et continu, le jaillissement devient impossible; il le devient également, si des corps étrangers, tels que des sables, gênent ou arrêtent le mouvement de l'eau, soit dans la première branche, soit dans la seconde. Dans l'un et l'autre cas, l'eau, cessant de couler, reste immobile dans le réservoir.

Ces principes posés, suivons les conséquences. Si le jaillissement de Grenelle procède d'un mécanisme semblable à celui que nous venons de décrire, sa masse énorme, et la hauteur indéfinie qu'il cherche à atteindre dans l'atmosphère, indiquent, à son origine, un réservoir immense, toujours plein, été et hiver; car le jaillissement de Grenelle, bien différent de nos rivières et de nos fontaines, ne connaît pas de saisons. Ce réservoir, pour fournir à un écoulement si abondant, à une ascension si haute et si véhémente, doit être placé sur le sommet d'une haute montagne, telle que les Vosges, le Jura, d'où ses eaux coulent, par un canal souterrain, jusqu'à Paris, et non vaguement sous le sol entier de cette capitale, mais directement, exclusivement jusque sous l'abattoir de Grenelle; il doit même aboutir au point précis occupé par le tube vertical de M. Mulot; car à ce tube, par une rencontre fortuite bien merveilleuse, a dû s'adapter étroitement, sans lacunes, le tube descendu des Vosges ou du Jura. Tout jet d'eau, avons-nous dit, exige une direction exclusive, continue, dans un canal recourbé, essentiellement unique, de plus sans ruptures, sans embarras, et qui se ferme hermétiquement sur le liquide. Si, pendant sa route, le courant aqueux est brisé, éparpillé, l'eau, en supposant qu'elle arrive, peut couler encore sur les pentes qu'elle rencontre; mais, quelque tube vertical qu'on lui présente, elle n'y monte pas.

Or, comment accepter l'idée que M. Mulot a précisément rencontré, à l'extrémité inférieure de son forage vertical, l'orifice également inférieur du canal souterrain, en sorte que ce forage, si profond, si difficile, si dispendieux, serait resté sans résultat si M. Mulot l'avait pratiqué dans la cour des Invalides, ou seulement à quelques centimètres du point qu'il a choisi?

D'un autre côté, comment se représenter toute la partie de l'enveloppe terrestre située entre Paris et le Jura ou les Vosges autrement qu'encombrée d'un nombre immense d'obstacles, dont la nature, la densité, la position respective sont indéfiniment variées, et qui, tous, sont entre eux dans l'état de contiguïté? A-t-on jamais rencontré, dans les couches de cette enveloppe, les plus légers fragments de tubes, de canaux?

« Suivant toute probabilité, a-t-on dit à l'Académie, les eaux se dirigent vers l'ouverture inférieure du trou foré par des rigoles nombreuses et étroites, par de véritables galeries, comme celles des mines. »

Mais lorsque, dans les mines, des galeries sont creusées par la main des hommes, on a soin de les affermir par des étais. Sans cette précaution, elles s'effondreraient presque aussitôt qu'on les aurait formées, et il n'y aurait plus de rigoles.

D'un autre côté, que l'on rassemble en nappe, dans le fond d'une mine, toutes celles de ces rigoles qui viennent de points élevés; que l'on dresse ensuite, au centre de cette nappe, un tube vertical pleinement ouvert dans toute sa longueur, l'eau y entrera par l'orifice inférieur, s'y élèvera au niveau de la nappe, mais ne montera pas au-dessus.

C'est une expérience très-facile à répéter à la surface du sol : que, par exemple, au milieu d'une place publique environnée de hautes maisons, on creuse un bassin, vers lequel on dirige les eaux de tous les toits, et qu'un tube vertical soit dressé au centre de ce bassin, un jour de pluie il se remplira de toutes les eaux tombantes, et le tube en prendra sa part, mais seulement jusqu'au niveau du bassin. Si l'on veut obtenir un jet d'eau partiel, il faudra adapter à l'un des toits un tube recourbé, s'emparant, à plein canal, de toute l'eau versée par ce toit particulier. Cette eau, parvenue au point de la courbure avec la force d'action que la chute lui aura donnée, aura besoin de dépenser cette force, et pour cela remontera dans la seconde branche du tube continu, d'où elle jaillira dans l'atmosphère jusque vers la hauteur du toit qui l'aura projetée ; tandis que, à côté d'elle, les eaux des autres toits, libres à leur arrivée dans le bassin, n'auront eu besoin que de s'y étendre et de s'agiter quelques instants pour dépenser toute leur force d'action. On aura ainsi, sous un même regard, toute l'exécution des lois de l'hydraulique.

Enfin, comme, sur cette question si importante du jaillissement de Grenelle, il est nécessaire, avant de la résoudre, de détruire toutes les fausses hypothèses dont elle a été le sujet, rappelons que tout jet d'eau devient impossible, si, pour une cause quelconque, le mouvement du liquide cesse de s'exécuter avec la même vitesse dans les deux branches du tube continu.

Ainsi, l'eau de Grenelle, si le mécanisme de son ascension est le même que celui d'un jet d'eau, l'eau de Grenelle, qui monte si rapidement de 1,700 pieds de profondeur et jaillit au-dessus du sol avec tant de véhémence, l'eau de Grenelle coule nécessairement avec une véhémence semblable dans les canaux souterrains qui la conduisent ; elle ne traverse donc pas, comme on le dit, d'immenses couches de sable, car son mouvement s'y réduirait à un suintement très-lent, très-difficile. Peu importerait la masse des eaux en travail de suintement ; ce serait la Méditerranée tout entière, qu'elle n'en passerait pas plus vite, et qu'arrivée à l'orifice inférieur du tube placé par M. Mulot elle ne serait animée que d'un mouvement de tortue, tandis que, dans le sein de ce tube et au dehors, c'est la rapidité de l'aigle qui est représentée par l'impétuosité du jaillissement. Supposer que celui-ci est alimenté par un suintement de la plus morne indolence, c'est poursuivre en imagination l'excès de l'impossible. Jamais, sur une grande route, un paralytique ne tiendra pied à un coureur.

Rien ne saurait donc être plus certain : le jaillissement de Grenelle diffère essentiellement de ce que nous appelons un jet d'eau ; sa source n'est point à la surface du globe, mais sous son enveloppe, et l'impulsion à laquelle il obéit a son siége non-seulement sous l'excavation que M. Mulot a creusée, mais sous chaque point de toute la surface du sol de Paris et du sol de toutes les plaines de la France, de toutes les plaines de l'Europe, de toutes les plaines de tous les continents ; car, sur chaque point de la surface de toutes les plaines, on pourrait pratiquer un puits artésien plus ou moins profond que celui de Grenelle ; de même que, de chaque point de la surface de tout homme sain, bien constitué, on obtiendrait un jet de sang plus ou moins rapide, mais toujours perpendiculaire à cette surface même. L'eau intérieure est le sang du globe, et toute émission vitale se fait essentiellement dans le sens vertical.

On entrevoit maintenant l'étendue de l'horizon que le jaillissement de Grenelle découvre à notre intelligence. La cause immédiate de ce beau phénomène réside dans les entrailles de notre planète et frappe sans cesse à tous les points de l'enveloppe terrestre pour les étendre, pour les projeter verticalement. Cette cause immédiate n'est donc autre chose que la force centrale du globe ; c'est sa force d'expansion générale, celle qui, dès sa naissance, a formé, par soulèvement vertical, tous ses pics isolés, toutes ses chaînes de montagnes ; celle qui, de temps à autre, soulève encore des plages considérables et fait surgir des îles nouvelles ; celle qui, en Islande, projette, à 300 pieds de hauteur dans l'atmosphère, d'énormes colonnes d'eau douce, que, par conséquent, elle ne prend pas dans le sein des mers ; celle qui ouvre les volcans, en fait jaillir des torrents de vapeur, de gaz, de cendres divisées, de laves brûlantes ; celle qui, adoucie, modérée par la distance de son propre foyer, couvre nos plaines de végétaux, leur imprime, en naissant, la station verticale, leur donne, ainsi qu'aux êtres d'organisation plus composée, le besoin vital d'une exubérance jaillissante.....

..... Arrêtons-nous! c'est l'œuvre entière de l'expansion, c'est l'œuvre universelle qu'en ce moment nous aimerions à décrire ; mais ici, à l'occasion du puits de Grenelle, nous ne devons considérer la force expansive qu'à son début, ou, plus exactement, comme nous l'avons dit, à son foyer. C'est au centre du globe qu'est condensé ce foyer d'une ardeur extrême ; à mesure qu'il rayonne vers la surface, son ardeur s'affaiblit ; mais tout près de la surface, à la naissance du jaillissement, quelle énergie encore! C'est celle que manifesterait une immense machine à vapeur, faisant voler un grand convoi sur un chemin de fer. Image insuffisante! Le poids de cent waggons égalerait-il celui d'une colonne d'eau de 9 pouces de diamètre, de 1,700 pieds de hauteur. Et ces waggons, portés sur la terre, glisseraient à leur aise sur un plan horizontal. A Grenelle, la colonne aqueuse ne porte que sur la force centrale ; c'est verticalement qu'elle monte, c'est à s'élancer indéfiniment au-dessus de la surface qu'elle aspire par son impétuosité.

Quel spectacle pour notre imagination! A l'extrémité inférieure du puits de Grenelle bouillonne une effroyable locomo-tive, et c'est Pluton qui en est le chauffeur!

Et maintenant revenons sur la terre. Que notre imagination suive, de nouveau, sur un chemin de fer, la machine à vapeur donnant à cent waggons le vol de l'hirondelle. Voilà que sur la route un léger éboulement tente d'altérer la vélocité du convoi. Aussitôt la force motrice entre en fureur ; elle secoue impitoya-blement le convoi tout entier, elle fait sauter un grand nombre de waggons, elle tue ou meurtrit bien des passagers. C'est plus d'une fatale expérience que je rappelle.

Le désastre du puits de Grenelle, en octobre 1841, atteste une irritation semblable. Nous allons apprendre comment elle a été provoquée.

Le 27 février de la même année, M. Mulot, après huit ans d'une persévérance héroïque, obtint enfin le jaillissement. Pen-dant les premiers mois, il ne lui accorda, pour saillie, qu'un cy-lindre d'une faible hauteur qui l'épanouissait en cloche magni-fique. Presque toute l'immense profondeur de l'excavation était revêtue d'un tube de tôle qui en affermissait les parois. Malheu-reusement, à l'instant où le forage allait se terminer, la sonde, n'ayant plus à traverser qu'une couche sans résistance, s'était enfoncée, de 12 ou 15 pieds, avec une brusquerie qui avait su-bitement appelé le jaillissement, sans laisser le temps d'achever le tubage. Il restait ainsi, au-dessus et autour de l'orifice infé-rieur, un espace découvert, donnant une explication naturelle de l'énorme quantité de matières hétérogènes dont l'eau était constamment accompagnée. Cette circonstance détermina M. Mu-lot à doubler intérieurement toute la longueur du tube de tôle par un second tube de cuivre prolongé de 20 pieds en profon-deur.

La fabrication de ce second tube dura trois ou quatre mois. Pendant cet intervalle, plusieurs faits se prêtèrent à d'impor-tantes observations. En premier lieu, jamais l'eau jaillissante ne fut claire, limpide ; mais quelquefois, et par intervalles de plu-sieurs jours, elle s'approchait de la limpidité, pour se montrer de nouveau, le lendemain, encombrée de matières divisées, noi-râtres, d'un aspect semblable à celui des premiers dégorgements de tout volcan qui s'apprête à faire une éruption soutenue.

En second lieu, le jaillissement fut plusieurs fois suspendu, une fois pendant neuf heures, d'autres fois pendant moins de temps; et toujours l'eau, à son retour, plus abondante, plus impétueuse, était chargée d'une plus grande quantité de corps hétérogènes. Cette intermittence, ainsi accompagnée de paroxysmes, était encore un caractère volcanique.

Troisièmement, M. Mulot, ayant besoin de savoir, par approximation, à quelle hauteur le jet s'élèverait dans l'atmosphère, remplaça d'abord le premier cylindre par un tube de 40 pieds, que le jet saisit et domina de manière à retomber en cascade magnifique, mais sur le toit de l'atelier qu'il défonçait, détruisait ; et, lorsque le vent venait saisir cette colonne impétueuse, elle inondait la cour de l'abattoir. Il fallut supprimer le spectacle et rabaisser le torrent. M. Mulot essaya cependant encore de le développer ; il lui présenta successivement deux nouveaux tubes, qui portèrent sa hauteur à 82 pieds et d'où il jaillit avec tant de force, que M. Mulot jugea capable d'accepter, sans en être embarrassé, une saillie de 150 pieds.

Mais point de limpidité encore ; toujours l'alternative d'un effort dépurateur suivi d'un épais dégorgement de matières noirâtres. M. Mulot, ne comptant plus que sur son tube de cuivre pour obtenir la cessation d'une si fâcheuse circonstance, se détermina à le placer.

Vers les premiers jours de septembre commença cette opération, que la continuité du torrent ascendant rendit très-difficile et cruellement incommode pour les ouvriers : ils étaient inondés. Et l'eau jaillissait non-seulement par le nouveau tube, mais encore par l'espace annulaire qui le séparait du premier, espace très-étroit qui, pour cette raison, s'engorgeait rapidement de sables toujours mêlés à l'eau ascendante. Ainsi la capacité du canal d'écoulement, déjà rétrécie par l'insertion laborieuse des premiers tubes de cuivre, se rétrécissait encore par l'engorgement graduel de l'espace annulaire.

Que serait-il résulté de ce progrès, si le jaillissement de Grenelle n'était qu'un jet d'eau alimenté par de hautes montagnes éloignées? Le rétrécissement graduel du canal aurait diminué, mais par degrés toujours paisibles, la quantité d'eau jaillissante. Jamais de secousses dans les tubes, jamais de déformations. Des sables, en s'accumulant, ne mutilent pas des métaux ; des roitelets, en se posant sur une montagne, ne la renversent ni ne l'écrasent. Si tout l'espace annulaire et tout le tube inférieur avaient fini par s'engorger, le jaillissement se serait tranquillement terminé; l'eau, ne pouvant plus couler, serait restée immobile dans son réservoir du Jura ou des Vosges.

Mais, dans l'empire de Pluton, on n'a point cette patience, on ne souffre point la contradiction. Quelquefois seulement le Maître s'endort, et alors plus de bruit dans son palais ténébreux; plus de mouvement dans les masses qui le dominent; c'est un calme passager, précurseur de la tempête.

Vers les premiers jours d'octobre, il y eut suspension de jaillissement; M. Mulot se hâta d'en profiter pour faire descendre le second tube à plus de 300 mètres de profondeur; il désirait de pouvoir, avant le retour du torrent, garnir l'excavation tout entière. Mais le prince de la nuit ne dort jamais longtemps. Le 6 octobre, il se réveille, et, selon son habitude, avec un redoublement d'ardeur. Il visite son nouveau domaine; déjà le corps importun, que la veille on s'était permis d'introduire, avait excité son humeur, et il trouve l'obstacle fortement augmenté! Il l'attaque, l'ébranle, le secoue; irrité de sa résistance, il le frappe avec fureur. Et cet obstacle, ce n'est pas une masse lâche et molle; c'est un corps dur et rigide, c'est un long tube du métal le plus élastique; contre les coups du tyran il se révolte, réagit; mais, accablé par la force, il succombe; ses derniers mouvements sont de violentes convulsions.

Voilà tout l'effroyable mystère. Quiconque en a vu les témoignages affirme que, pour le produire, il a fallu un coup de foudre ou un coup de volcan. Or, pendant cette nuit du 6 octobre, aucun habitant de Paris n'a entendu la foudre, et les hôtes de l'abattoir ont dormi paisiblement.

Il a donc fallu arracher de sa caverne la malheureuse victime. Ce tube de cuivre, si beau de forme, si éclatant de couleur avant de descendre dans le gouffre, n'est plus qu'un cadavre impitoyablement broyé par le dieu des enfers. Comment aller le dépecer, le tenailler à une profondeur effrayante, à une profondeur de plus de deux fois la hauteur du Panthéon? Une telle opération semblait impossible; le courage, la persévérance, le génie mécanique de M. Mulot en ont vaincu la difficulté. Le tube primitif a été pleinement nettoyé; le jaillissement, rendu à toute sa liberté, a augmenté d'abondance.

DEUXIÈME PÉRIODE.

La catastrophe du 6 octobre n'ayant pas suffi pour détromper M. Mulot de la théorie académique, il persévéra dans les idées pratiques qui en découlaient ; il demanda et obtint la fabrication d'un nouveau tube en tôle très-forte, destiné à remplacer celui de cuivre, et en état, disait-on, de résister invinciblement à ce que l'on appelait la *force de l'eau.*

Pendant que cette nouvelle imprudence se préparait, le jaillissement, retenu à la surface du sol, continuait à manifester, de temps à autre, une agitation impétueuse. Le 6 mars, vers dix heures du soir, on entendit, comme venant de la base du puits, un bruit fort et discordant, ressemblant à celui d'une grosse masse d'eau que l'on agiterait avec désordre. En même temps, le jaillissement, au lieu de s'effectuer, comme à l'ordinaire, par un torrent continu, s'exhalait en bouffées d'un essor violent et difficile. Le lendemain, au lever du jour, le concierge crut voir que le volume d'eau jaillissante était diminué au moins des deux tiers ; il alla prévenir le préposé de l'administration, qui se rendit aussitôt sur les lieux. Mais, pendant ce court intervalle, la crise avait atteint son terme menaçant ; une véhémente éruption d'eau, encombrée de sables très-divisés et de boue très-noire, inondait tout le contour du point d'écoulement et s'élevait bien au-dessus de la saillie ordinaire. Les ouvriers passèrent la journée à déblayer cette plage envahie. Le 8 mars, le torrent, rentré dans son lit, commençait à perdre de sa teinte noirâtre ; pendant les cinq ou six jours qui suivirent, il avait travaillé à s'éclaircir ; enfin, le 15 mars, l'eau était devenue presque limpide, ce qui semblait autoriser de flatteuses espérances. Mais déjà, le 20 mars, à l'instant même où tous les journaux s'applaudissaient de pouvoir annoncer un heureux changement, le jaillissement avait repris l'état de paroxysme, les noirs et impétueux dégorgements avaient recommencé. Le mardi 22, le calme était revenu et la demi-limpidité se préparait, pour aboutir, dans quelques jours sans doute, à un nouvel orage souterrain.

Comme cette alternative n'a cessé de se montrer depuis l'origine du phénomène, on ne peut douter qu'elle ne soit essentielle à sa nature, et que par conséquent elle ne procède de la cause même du jaillissement. Or il est évident que, si ce jaillissement pouvait être assimilé à un jet d'eau, de telles syncopes lui se-raient étrangères. Que, dans le parc de Versailles, lorsque l'on fait jouer les *grandes eaux*, de grandes quantités de sable et de cendres soient brusquement jetées dans le réservoir, l'eau jail-lissante en sera troublée ; si cette invasion redouble, les canaux conducteurs pourront finir par s'obstruer ; dans ce cas, le jaillis-sement aura diminué graduellement de saillie et d'abondance, l'eau du réservoir, quelle que soit sa masse, n'aura pas mani-festé un effort ayant pour but de nettoyer les tubes conducteurs, encore moins un effort marqué, dès le premier instant, par un dégorgement de grande violence ; elle n'aura pas poussé son jet extérieur jusqu'à s'élever au-dessus du point où il parvenait, lorsque l'action jaillissante était parfaitement limpide : voilà ce qui, sans une impulsion particulière, lui aura été impossible. Voilà, cependant, ce qui s'effectue, à Grenelle, pendant toutes les scènes d'irritation. Lorsque l'eau arrive fortement troublée, son abondance et sa force de jaillissement se montrent sensiblement supérieures à sa force et à son abondance lorsque l'eau s'ap-proche de la limpidité. Il y a donc alors, à la base du mouve-ment, une impulsion particulière. Et, à 1,700 pieds de profon-deur, quelle autre impulsion que l'action centrale du globe peut s'exercer avec tant de véhémence ?

Le jaillissement de Grenelle est donc indubitablement un fruit immédiat de l'expansion terrestre. Mais les puits artésiens d'une faible profondeur, ceux de Saint-Ouen, de Saint-Denis, semblent échapper à cette explication ; ils partent de points encore si exhaussés au-dessus de la région volcanique ! Sans doute. Cepen-dant aucun n'est un jet d'eau, car, nous l'avons démontré, sans l'entremise d'un tube recourbé, unique, continu, tout jet d'eau est impossible, et nulle part, dans le sein de l'enveloppe ter-restre, il n'existe de tubes recourbés sans embarras, sans rup-tures.

En second lieu, étudions avec soin un de ces puits artésiens de faible profondeur, par exemple celui que M. Degousée a con-struit dans l'hôpital militaire de Lille.

Le jaillissement de ce puits ne s'élève jamais au-dessus de 7 à 8 pieds et ne fournit pas au delà de 60 litres d'eau par minute.

Un observateur ingénieux, M. Bailli, capitaine du génie, a eu l'idée de le soumettre à une appréciation exacte, et, pour cela, d'adapter, au tube en zinc qui verse extérieurement la colonne ascendante, un tube en verre qui a porté cette colonne assez haut pour que le jaillissement fût consommé, c'est à-dire pour qu'il y eût équilibre entre la force impulsive et le poids de cette colonne extérieure. La transparence du verre lui a permis alors de voir que la colonne d'eau, ne débordant plus, subissait des variations fréquentes, souvent très-prononcées. Certains jours, la différence de hauteur, à diverses heures de la journée, a été d'un tiers de mètre (près de 1 pied) ; d'autres jours, il n'y a presque pas eu de différence, et, dans le premier cas, la différence entre les quantités d'eau fournies pendant une minute allait jusqu'à 23 litres, tandis que, dans les jours d'affaissement, l'écoulement se maintenait presque uniforme.

De telles vicissitudes seraient indubitablement prévenues, si le puits artésien de Lille n'était qu'un simple jet d'eau, tirant sa source d'un réservoir éloigné ; lorsque, dans le tube de verre, l'eau serait montée au niveau exact de l'eau du réservoir, sa hauteur ne varierait plus qu'à des degrés longtemps insensibles.

Et si, maintenant, nous comparons le jaillissement de Lille, et généralement tout jaillissement artésien, à la fumée qui s'échappe d'une cheminée, sous l'impulsion d'un foyer en activité, nous comprendrons les variations de la colonne artésienne, parce que nous verrons la colonne de fumée augmenter ou diminuer d'épaisseur et de force ascendante, selon que le foyer, brûlant à sa base, sera plus ou moins ardent, et que le combustible exposé à son action sera plus ou moins producteur de vapeur aqueuse.

Supposons encore qu'au-dessus de cette colonne de fumée on a tendu horizontalement un tamis qu'elle peut traverser, elle le traversera en réalité, mais en diminuant de force et d'abondance, selon l'épaisseur du tamis et la densité de sa matière ; de plus, elle laissera en dessous les substances grossières que dans l'ardeur de son ascension elle aura pu entraîner.

Ainsi s'expliquent les différences qui distinguent le puits artésien de Grenelle des puits artésiens à petites dimensions. Ceux-ci, comme le puits de Grenelle, ont leur source aqueuse au-dessous de l'enveloppe ; là aussi réside la force impulsive qui met cette source en ascension verticale. Mais, à Grenelle, toutes les couches superposées dont est formée, en ce point du globe, l'enveloppe terrestre sont d'une densité qui ne leur permet pas de se laisser traverser par des filaments aqueux d'une masse considérable. A Saint-Ouen, à Saint-Denis, les couches inférieures se sont trouvées perméables au degré suffisant pour que l'eau ascendante ait pu s'élever, quoique avec difficulté, jusqu'aux couches d'une perméabilité beaucoup moins facile ; c'est au-dessous de ces couches rapprochées de la surface que l'eau, d'origine centrale, a été rencontrée par la sonde du mineur et mise en dégagement, tandis qu'à Grenelle il a fallu que la sonde traversât jusqu'à la couche fondamentale. Aussi, non-seulement la chaleur du puits de Grenelle est bien supérieure à celle de Saint-Ouen, mais le jet est beaucoup plus impétueux, ce qui serait le contraire, si tout puits artésien n'était qu'un jet d'eau ; car les résistances opposées, par le frottement, à la force ascensionnelle augmenteraient nécessairement comme la profondeur du point de départ.

Mais l'eau artésienne, quelle est son origine ? Puisqu'elle ne vient pas des couches de l'enveloppe, puisqu'elle ne peut émaner que des entrailles de la terre, quelle source l'y adresse ou quelle cause l'y produit ?

Nous répondrons aisément à cette question en lui donnant plus d'étendue. Quelle est, dans les entrailles du soleil, la source de sa lumière ? Quelle est, dans les entrailles de notre globe, la source de son calorique ? Quelle est, au centre de chacun de nous, la source de notre fluide vital ? Et lorsque notre tempérament s'échauffe, lorsque de chacun de nos pores dilatés émane verticalement, comme d'un puits artésien, un jet liquide, un jet de sueur, quelle en est la source ? Nous le savons, toujours la matière de notre transsudation, subtile ou aqueuse, est fournie à notre action vitale par les aliments qu'elle-même appelle, qu'elle-même élabore.

Il en est ainsi de la transsudation solaire et planétaire. Chaque globe s'alimente des envois qui lui sont adressés par les globes qui l'environnent. La terre a, comme chacun de nous, une cavité centrale, foyer continu de recette et de dépense, de combinaison et d'élaboration, d'absorption intérieure et de rayonnement extérieur ; les pores d'émission sont situés principalement à la surface des régions équinoxiales ; le degré de leur action expulsive détermine, avec exactitude, le degré d'action absorbante exercée par les pores chargés de cette fonction et situés principalement à la surface des régions inexpansives, des régions polaires. C'est par là, surtout, que la matière subtile qui vient d'appartenir aux globes environnants pénètre, en plus ou moins grande partie, jusqu'au centre de notre planète, centre nécessairement gonflé et très-vivement agité. Des corps de toutes formes, de toutes propriétés s'y combinent par la puissance d'un mouvement expansif dont l'ardeur et les variétés sont indéfinies ; à peine composés, ces corps, de première et ténébreuse formation, sont pressés, par l'expansion centrale, de jaillir vers tous les points de l'espace. Ce jaillissement est çà et là violent et volcanique, mais beaucoup plus généralement subtil, vaporeux, tacite, inoffensif, comme notre sueur et notre transpiration ; l'eau en est également la matière principale. C'est l'eau, manifestement, qui se compose avec le plus d'abondance dans le sein du globe ; mais soyons bien loin de dire qu'elle s'y compose exclusivement ; il est de toute certitude que toutes les *terres*, telles que l'argile et la silice, tous les métaux, tels que l'or et le fer, en un mot tous les genres de corps que nous nommons terrestres, ont une origine semblable à celle de l'eau. Tous, en quelques lieux que nous allions les recueillir, n'y sont arrivés que produits par la vitalité intérieure de la planète.

Principe général de physiologie. Dans les êtres vivants, soit organisés, comme l'homme et les animaux, soit inorganiques, comme les globes stellaires et planétaires, tout ce qu'ils reçoivent de l'extérieur, par aspiration alimentaire, aboutit à leurs centres, et en revient préparé, élaboré. Chacun est un gouvernement modèle.

TROISIÈME PÉRIODE. — État actuel (1842).

Pendant l'hiver de l'année dernière, les dégorgements du puits de Grenelle augmentèrent de fréquence et d'abondance ; chaque jour, ils déposaient, dans le réservoir, 5 ou 6 mètres cubes de boue noirâtre, indépendamment de celle qui s'arrêtait dans les égouts, et de celle qui, plus mobile, plus divisée, était entraînée, par l'eau artésienne, jusqu'à la rivière. Une débâcle si forte, si soutenue excita alors ou plutôt affermit dans l'opinion publique une inquiétude bien excusable. Un abîme se creuse sous l'abattoir, disait-on ; cet édifice y sera bientôt englouti ; après lui disparaîtront tous les édifices qui l'environnent, et, de proche en proche, toute la ville de Paris. Que l'on arrète le funeste vomissement, que l'on ferme le gouffre, s'écriaient surtout les propriétaires des maisons voisines, qui déjà diminuaient sensiblement de valeur.

Il était pressant de dissiper ces alarmes; je le tentai en ajoutant à mon écrit quelques pages, dont voici la substance :

Quelle est, me demandai-je, la constitution géologique de cette couche profonde placée à la base du puits de Grenelle, et qui ne cesse de nons adresser une si grande quantité de débris? La révélation nous en a été faite par M. Mulot. En effet, le 27 février 1841, cette sonde, d'une longueur de 1,700 pieds, qui, jusqu'à ce moment, ne parvenait, chaque jour, à percer que 5 à 6 pouces de l'enveloppe, cette énorme barre de fer, si pesante et si pénétrante, s'enfonça subitement de 14 à 15 pieds. Et pourquoi s'arrêta-t-elle brusquement? pourquoi ne descendit-elle pas pour toujours dans les entrailles de la planète? Parce que, dès l'instant où elle avait traversé les dernières couches compactes et résistantes, elle avait provoqué le jaillissement, elle s'était trouvée ainsi comme noyée dans un torrent d'eau impétueusement ascendante, qui l'avait repoussée en même temps qu'il avait affaibli sa pesanteur.

La dernière couche de l'enveloppe, celle qui succède, en profondeur, à tous les revêtements solides de la planète, n'est donc qu'une masse molle, friable, un corps de transition, toujours macéré par l'action, à la fois chaude et humide, de la force centrale ; c'est la reproduction exacte du *périoste* interne qui, dans le corps de l'homme, du quadrupède, de l'oiseau, tapisse toute la surface intérieure des os caverneux et consolidés. Le grand ossement sphérique, granitique, caverneux, qui forme la charpente générale de l'enveloppe terrestre, est de même tapissé intérieurement d'un périoste, intermédiaire entre cette masse cutanée qui est en contact avec l'atmosphère et ce qu'on pourrait appeler la masse médullaire située au centre de la planète, et qui est le foyer continu de combinaisons élémentaires, d'élaborations préparatoires. Le périoste intermédiaire tient le milieu, par sa nature et par son degré de consistance, entre la capsule osseuse et ce que l'on pourrait appeler la moelle vitalisante. Lorsque, à travers l'épaisseur de la capsule, un puits volcanique est percé, soit avec violence et du bas vers le haut, par l'expansion irritée, soit paisiblement, du haut vers le bas, par la main de l'homme, ce qui jaillit au-dessus de la surface, c'est de l'eau, des gaz, des vapeurs entraînant des fragments du périoste qui ne sont que brisés, triturés, si, comme à Grenelle, la force éruptive n'a été que d'une faible ardeur, mais qui se sont fondus et convertis en laves brûlantes, si, comme au Vésuve, la force éruptive a été d'une extrême impétuosité ; les deux résultats, pris à deux sources situées de même, ne se sont ainsi distingués que par l'intensité, modérée à Grenelle, excessive au Vésuve, de l'action qui les a projetés. De part et d'autre, c'est la couche intermédiaire qui en a fourni les matériaux. S'il en était autrement, si les masses hétérogènes dont se composent les dégorgements de Grenelle étaient prises, par érosion, sur les contours de l'orifice inférieur, on aurait raison de craindre l'effondrement prochain de l'abattoir et des terrains environnants. Depuis quatorze mois que le jaillissement de Grenelle, quoique très-pacifique, comparé à celui du Vésuve, jette à la surface, jour et nuit, une immense quantité de corps atténués, mais de nature solide, un vide menaçant se serait déjà formé sous les couches qui, en ce point de la capitale, portent les terres et les maisons ; le désastre que l'on redoute serait déjà arrivé.

Mais rassurons-nous, et que, dans ce cas comme dans toutes les études dont le sujet est caché à nos regards, notre imagination prenne pour guide la boussole du raisonnement, fondé lui-même sur l'unité du principe et l'analogie de ses effets. Si, comme nous ne saurions plus en douter, le puits de Grenelle est un très-petit volcan artificiel, nous devons lui attribuer, sous de petites dimensions, tous les caractères manifestés par les grands volcans naturels, par le Vésuve, par exemple. Nous connaissons son histoire ; Pline fut contemporain et victime de sa première éruption ; depuis cette époque, et surtout pendant les premiers siècles qui l'ont suivie, il a lancé, à reprises innombrables, une si grande quantité de matières calcinées, fondues ou pulvérulentes, qu'il en a couvert des plages entières à une grande épaisseur : on sait qu'il a enseveli deux villes considérables. Cependant, en aucun point des contrées adjacentes au cratère, le sol n'est tombé, par effondrement, au-dessous de la surface précédente ; partout, au contraire, il s'est exhaussé par la succession des recouvrements : il en a été ainsi de l'Etna et de tous les volcans en exercice ; tous ont produit l'exhaussement et non l'affaissement des plages environnantes.

D'où l'on doit conclure que les travaux des volcans ne creusent point de cavités dans le sein des couches consolidées; ils ne prennent les matériaux de leurs vomissements que dans ce périoste interne, dans cette couche intermédiaire étendue sous toute la surface intérieure de l'enveloppe, liée à elle-même dans tous ses points, cependant se prêtant avec facilité aux ruptures de sa substance, mais réparant presque aussitôt ses pertes par ses rapports continus avec les deux grandes masses, de nature opposée, l'une calme et concrète, l'autre tumultueuse et divisée, dont elle fait la transition et le lien.

Nous n'avons donc nullement à craindre que, par l'action souterraine du volcan de Grenelle, Paris s'engloutisse; les bâtiments mêmes de l'abattoir conserveront leur solidité; les pauvres animaux qu'on y rassemble pourront y jouir, en toute sécurité, de leurs derniers beaux jours.

Ces raisonnements ne persuadèrent qu'un petit nombre de personnes, d'autant moins que, le 30 avril, un nouveau paroxysme vint effrayer les habitants de l'abattoir. Pendant plusieurs heures, le jaillissement s'opéra par secousses convulsives, et, dans tout vase où l'eau était reçue, se déposaient rapidement, et en très-grande quantité, des immondices de couleur noire, ne ressemblant à rien de ce que l'on trouve à la surface du globe ni dans les couches de son enveloppe.

Postérieurement, dans le mois de mai, plusieurs crises moins fortes se succédèrent, séparées chacune de la suivante par huit ou dix jours de calme, pendant lesquels l'eau s'approcha de la demi-limpidité. Pendant le mois de juin, les crises diminuèrent encore de fréquence ainsi que de violence, et pendant le mois de juillet elles parurent avoir cessé, ce qui conduisit à espérer que leur terme ne tarderait pas à arriver.

J'étais loin de partager cette confiance. Aussi, lorsque, vers les premiers jours d'août, M. Mulot vint annoncer son intention d'opérer bientôt le nouveau tubage, et lorsque je vis déposer, dans la cour de l'abattoir, l'énorme approvisionnement des tubes de fer, je m'alarmai pour les conséquences, probables à mes yeux, de la destination qui leur était réservée; j'exprimai mes alarmes, et j'en donnai les motifs. En ce moment, disais-je, le repos se prolonge d'une manière inattendue; mais entre les éruptions successives du Vésuve il y a, d'ordinaire, bien plus de durée, et, puisque toutes les conditions de ce jaillissement sont

volcaniques seulement à un faible degré, c'est toujours sur ce caractère que notre prévoyance doit s'appuyer, en écoutant, d'ailleurs, les représentations de l'expérience. Qu'arrivera-t-il, ajou-
tai-je, si, pendant que M. Mulot enfoncera ses tubes formidables,
il survient une convulsion souterraine semblable à celles du 6 octobre, du 6 mars, du 30 avril? Toute l'excavation verticale sera
peut-être démantelée, et, dans un cas pareil, de l'aveu de M. Mulot lui-même, les débris des tubes de fer ne pouvant être retirés
comme ceux des tubes de cuivre, le plus magnifique des phénomènes, celui que, par d'autres emplois, on pourrait rendre si
utile, sera pour toujours sacrifié!

A cela, M. Mulot répondait que l'abondance et la continuité
du jaillissement autorisaient à penser que l'excavation verticale
était pleinement libre, que cependant on commencerait par s'en
assurer à l'aide de la sonde, que si, comme on l'espérait, elle
pénétrait, sans résistance, jusqu'à l'orifice inférieur, on la por-
terait à 7 ou 8 mètres au delà en profondeur, afin d'atteindre la
nappe d'eau limpide, et d'étendre ensuite jusqu'à cette nappe le
nouveau tube de fer.

Illusions téméraires, répliquai-je. La sonde ne descendra point
jusqu'à l'orifice inférieur. N'oubliez donc point que, lorsqu'elle
l'a pratiqué, l'eau ne venait pas encore; depuis que vous avez
fourni une issue à ce torrent ascendant si fort, si impétueux, la
sonde ne peut plus le traverser, surtout vers sa naissance. En
réalité, ce n'est pas contre une simple colonne d'eau qu'elle ten-
tera de lutter, c'est contre la force terrible, la force volcanique
qui lance cette colonne, et que, très-certainement, nulle puissance d'origine extérieure ne parviendra jamais à dominer.

C'est ce que le fait le plus significatif a bientôt démontré. L'essai commence. A l'ordre de M. Mulot, la sonde s'aventure dans
l'excavation ténébreuse; elle parcourt, sans résistance opiniâtre,
à peu près les deux tiers de sa route; mais, vers le point que, le
6 octobre, l'année précédente, elle n'a pu franchir, un peu plus
bas peut-être, obstacle invincible : c'est le tube primitif qui est
plié, qui forme un coude très-prononcé, et la sonde, en voulant
forcer le passage, est elle-même tordue. On la retire; son extrémité, celle qui est armée de la *cuiller*, est mutilée à la manière
du tube de cuivre, son malheureux devancier!

Quelle épreuve! un tube de tôle, que l'on a placé verticalement, rendu oblique dans sa partie inférieure! une barre de fer,

pleine, d'un énorme calibre, également faussée, broyée! Pense-t-on encore que tout s'est réduit, à son égard, au froissement de l'eau ascendante? Tout liquide frappant un corps solide le pousse devant lui, s'il le trouve en situation mobile; mais, si ce corps est fixé, le liquide échoue sur sa surface; il se brise, s'éparpille et laisse le corps solide dans toute son intégrité. Vous feriez tomber la cascade de Niagara sur un simple barreau de fer immobile, qu'il n'en résulterait pas le moindre dommage. C'est une commotion seule qui peut tordre brusquement un corps métallique dur et épais; c'est, disons-le de nouveau, un coup de foudre ou de volcan, qui se trouve alors nécessaire.

Le désastre du mois de septembre 1842 n'a donc été qu'une violente réminiscence de celui de l'année précédente, parce que M. Mulot, justement effrayé, n'a point insisté; il a retiré sa sonde aussitôt qu'il l'a sentie arrêtée, refoulée. D'ailleurs, pendant le mois d'août, avons-nous dit, l'eau venait avec calme, sans secousses; la puissance inférieure ne manifestait pas, comme le 6 octobre, une implacable irritation, et cependant il a suffi d'une légère atteinte de la sonde pour rallumer sa colère; mais elle s'est arrêtée après ce terrible mouvement, et l'on a pu placer le nouveau tube dans toute la partie supérieure de l'excavation, en abandonnant, comme à jamais inabordable, la partie inférieure.

Dans ce nouvel état, le jaillissement ayant repris toute son impétuosité, M. Mulot s'est hâté de lui accorder une saillie extérieure de 100 pieds de hauteur, ce qui forme un spectacle magnifique pour le regard et très-frappant pour la pensée. De plus, cet exhaussement de la colonne aqueuse a entraîné deux effets bien dignes d'attention. En premier lieu, l'abondance de l'eau jaillissante a diminué de plus de moitié; à fleur de terre, elle était de 2,500 litres par minute; à 100 pieds de hauteur, elle n'est plus que de 1,100 à 1,200; ce qui démontre que, à Grenelle comme partout où l'on a pratiqué un jaillissement artésien, la force qui le détermine perd de sa puissance en raison de la hauteur à laquelle on lui permet de s'exercer. Voilà ce qui n'aurait pas lieu, si le mécanisme de tout puits artésien était le même que celui d'un jet d'eau. Dans celui-ci, la force est, en haut, dans le réservoir; elle n'a rien à porter; c'est le liquide lui-même qui, avide de niveau, en accomplit la loi le plus promptement qu'il lui est possible, pour cette raison se meut, dans tous les points de l'appareil, avec la même vitesse. A Grenelle, au contraire, et

dans tout puits artésien, la force impulsive est située au-dessous
de l'orifice inférieur ; cette force, ayant à porter l'eau même
qu'elle soulève, ne peut que diminuer d'intensité à mesure qu'elle
agit. Si M. Mulot avait élevé le jet à toute la hauteur qu'il pourrait atteindre, la force d'ascension, s'éteignant par degrés, se serait anéantie ; c'est-à-dire que, à une hauteur de plus de 300 pieds
peut-être, l'équilibre aurait fini par s'établir entre l'action impulsive et la pesanteur de la colonne.

Et, à cette hauteur, l'eau portée, fixée serait d'une limpidité
parfaite, ce qui explique le second des deux effets produits par
cet exhaussement du jet. L'eau, maintenant, arrive habituelle-
ment à un degré très-satisfaisant de limpidité ; mais, si un déran-
gement dans l'appareil ou des réparations à faire obligent d'enlever le tube de 100 pieds et de ramener ainsi le jaillissement à
la surface du sol, l'eau, en reprenant son abondance, reprend sa
charge de matières noirâtres et divisées, ce qui démontre que,
par les circonstances de son origine, tel est son état essentiel ;
tandis que, si son origine était à la surface d'une montagne et si
elle ne parvenait à l'abattoir de Grenelle qu'après s'être enfoncée
de 1,700 pieds dans les couches de l'enveloppe, pour remonter
verticalement on ne sait par quelle impulsion, la limpidité, du
moins, serait son état essentiel, comme il est celui de toutes les
fontaines naturelles.

Soyons donc judicieux dans nos théories et modérés dans les
espérances qu'elles autorisent. Puisque l'eau de Grenelle, encore
si chaude, si vaporeuse quand elle arrive à la lumière, ne peut
monter jusqu'à nous que comme une fumée épaisse monte dans
une cheminée, plaçons également au-dessous d'elle un foyer d'une
grande ardeur, et, puisque sa limpidité, si désirée, ne peut nous
être accordée qu'aux dépens de son abondance, acceptons cette
condition ; elle n'est pas très-onéreuse ; nous lui devons la mer-
veille, jusqu'ici inconnue, d'une colonne aqueuse haute de
100 pieds. Un jet continu de cette dimension, et versant 1,200 litres par minute, est, pour la ville de Paris, d'une grande valeur
matérielle ; et, pour les hommes éclairés de tous les pays, d'une
très-grande valeur philosophique ; c'est, à la surface du globe, la
plus belle source de fortes idées et de savoir précis. Par elle,
l'esprit de l'homme attentif pénètre à la grande origine de l'action universelle ; il la surprend en travail permanent.

Cependant, ne le dissimulons pas, cette vue de la pensée ne

vient que vaguement, difficilement au spectateur du phénomène. Ce qui se montre à ses regards, c'est un jet impétueux, s'élevant à une hauteur de 100 pieds, d'où il retombe avec violence. A l'homme étonné qui contemple en silence ce mouvement continu, on dit ensuite : Vous ne voyez encore que la dix-huitième partie du torrent; pour en concevoir l'ensemble, répétez dix-sept fois, en profondeur, cette longueur de 100 pieds; creusez, en imagination, les entrailles du globe; descendez aussi bas que, en un sens opposé, vous auriez à monter dans l'atmosphère, si vous vouliez atteindre le sommet d'une tour qui aurait huit fois la hauteur des tours de Notre-Dame ou, plus près de vous, cinq fois la hauteur de cette flèche des Invalides si élancée dans les airs !.....

A cette invitation, l'imagination du spectateur s'épouvante, se décourage. Eh bien, l'ouvrage très-ingénieux d'un habile dessinateur la rassure, la conduit. M. Bizet, conservateur des abattoirs, ayant suivi, dès le principe, toute l'opération de M. Mulot, en ayant recueilli soigneusement les produits, a eu l'idée heureuse de mettre en saillie extérieure, en pleine évidence, tout le jaillissement de Grenelle depuis sa base sépulcrale; il a figuré l'ensemble de ce jaillissement par une colonne partant de la surface du sol et formée de la succession des couches terrestres que la sonde de M. Mulot a traversées, dont elle a rapporté les échantillons. L'axe de cette colonne est occupé par le torrent ascendant; pour donner au spectateur l'idée précise, l'idée géométrique de l'espace vertical que ce torrent parcourt, M. Bizet a placé, sous leurs dimensions relatives, à droite de la colonne, le dôme des Invalides et le dôme de Saint-Pierre; à gauche, les tours de Notre-Dame et le clocher de Strasbourg. Ces quatre édifices, renommés pour leur élévation, et cependant de très-petite stature auprès de celle du jet artésien, font apprécier la hauteur gigantesque de celui-ci; et ce rapprochement des grands monuments de l'art humain donne parfaitement l'intelligence d'un beau monument de la nature.

Écoutons maintenant ce que, sur ce phénomène d'un si grand intérêt, la nature elle-même vient nous révéler encore.

NOUVEL ARGUMENT,

Ou plutôt, expérience terrible, donnant une confirmation frappante, mais bien cruelle, à la théorie que je viens d'établir.

Le 8 février de cette année (1843), la Guadeloupe a été bouleversée par un épouvantable tremblement de terre. Voici ce que nous ont appris, sur cette convulsion, les malheureux témoins qui lui ont survécu :

« Partout la terre s'est entr'ouverte, et des éruptions volcaniques ont eu lieu par les crevasses; en plusieurs endroits, des eaux boueuses et brûlantes ont jailli en torrents énormes et jusqu'à la hauteur de 50 pieds..... La secousse et les éruptions ont duré moins de deux minutes, et ce temps a suffi pour envelopper la ville principale (la Pointe-à-Pître) dans un incendie d'une telle violence, que l'argent, l'or, le verre étaient subitement fondus ensemble, et que l'on voyait tomber en larmes le fer des balcons, les gonds des portes, toutes les ferrures, comme ces cristallisations qui, pendant l'hiver, pendent aux toits des maisons. »

Insistons sur la rapidité de cet effet terrible. Moins de deux minutes! Que sont nos feux artificiels les plus ardents, qui, pour mettre le fer en fusion, ont besoin d'un temps comparativement si considérable! C'est donc la chaleur du gouffre central qui, en ce moment, s'élevait jusqu'à la surface !

Et ces colonnes d'eau noire, boueuse, arrivant brûlantes, tandis que, artificiellement encore, nous avons besoin d'un feu si fort, si soutenu pour mettre l'eau en ébullition! Et ce jaillissement vertical à 50 pieds de hauteur, sans le secours d'un tube destiné à le conduire, n'est-ce pas, mais à un degré beaucoup plus véhément, notre puits de Grenelle, dégorgeant aussi, dans le sens vertical, un torrent d'eau chaude, noire et bourbeuse?

D'une telle analogie voici les conséquences :

Le jaillissement de Grenelle, ainsi que tout jaillissement artésien, est le fruit d'une faible action volcanique; la catastrophe de la Guadeloupe, et généralement tout tremblement de terre, est le fruit d'une action volcanique, brusque, violente, qui s'est accumulée dans les entrailles du globe. Un artifice extérieur, qui soutirerait cette accumulation dès l'instant où elle commencerait à se former, l'empêcherait de se porter au terme où le soulagement par explosion lui serait nécessaire. C'est exactement ainsi que, à l'extérieur du globe, les paratonnerres préviennent les accumulations électriques et brisent tacitement la foudre. Dans chaque instant, chaque paratonnerre agit très-peu, mais, immobile dans sa position, il agit toujours. Il en serait de même de tout puits artésien en communication permanente avec la région volcanique, et tous procèdent de cette région ; toute autre origine leur est impossible. Chacun est donc un émonctoire terrestre plus ou moins puissant. Chaque volcan aussi est un émonctoire terrestre, et d'une puissance terrible lorsque son explosion se détermine ; mais elle n'est jamais continue. Chaque éruption ferme bientôt elle-même l'issue qu'elle a impétueusement pratiquée ; une partie plus ou moins considérable des corps solides qu'elle a fracassés retombent dans le cratère et s'y agrégent confusément. Il n'en est pas ainsi de l'éruption artésienne ; elle n'est pas spontanée, elle est l'ouvrage de l'homme, qui en creuse progressivement le cratère en le vidant sans cesse et l'affermissant par un tube de métal qui en fait un canal permanent. C'est nuit et jour, été et hiver, que s'exécute, sans relâche, le jaillissement de Grenelle. Depuis le 27 février 1841, jour où il s'élança d'une profondeur de 1,800 pieds et en colonne de 9 pouces de diamètre, quel énorme dégagement de chaleur, d'eau, de gaz, de matières noirâtres n'a-t-il pas effectué ? N'est-il pas vraisemblable que, si un soulagement de cette continuité, de cette abondance eût existé, depuis deux ans, à la Guadeloupe, il aurait prévenu l'horrible calamité ?

Dans cette persuasion, j'ai pensé qu'un puits artésien creusé à la surface de chacune des Antilles rendrait vraisemblablement à tout l'archipel une heureuse sécurité. J'ai exposé cette idée à M. l'amiral Roussin, ministre de la marine ; il l'a adoptée. « Votre hypothèse sur les volcans, m'a-t-il écrit (18 mars 1843), ne m'étonne point du tout ; elle satisfait à bien des exigences du bon sens, et j'avoue que, sur beaucoup de matières, je n'ai de règle que celle-là. Je suis donc très-disposé à considérer le creusement des puits artésiens au pied des volcans comme un moyen de dégonfler l'outre d'Éole et de prévenir la tempête dont son explosion menace ; il y a quelque chose de cela dans la fable des anciens, et ils ont eu si souvent raison, que je ne serais pas surpris qu'ils l'eussent encore. »

Au reste, l'idée de ce préservatif naissait naturellement de celle des *paratonnerres,* si heureusement mise en œuvre par Franklin ;

aussi, en 1781, Bertholon, professeur de physique à Béziers, proposait, comme *paratremblements* de terre, des tiges métalliques pénétrant dans les profondeurs du sol, et destinées à maintenir entre l'atmosphère et le globe un équilibre électrique dont la rupture était, selon ce physicien distingué, la cause des convulsions terrestres. Il en écrivit à Buffon, qui lui répondit : « Si l'on était bien avisé à Naples, à Catane, à Lisbonne, on y établirait ces *paratremblements* de terre. »

L'idée de Bertholon ne fut pas accueillie ; les constructions qu'elle indiquait parurent impraticables. Ajoutons que, même en faisant pénétrer profondément, dans l'enveloppe terrestre, des tiges métalliques, des sondes artésiennes, par exemple, elles n'auraient pas, réduites à elles-mêmes, l'efficacité que Buffon en attendait. A l'extérieur du globe, les orages sont réellement produits par la rupture du balancement entre les deux fluides électriques, majeur et mineur ; les paratonnerres servent à maintenir ce balancement ou, lorsqu'il est troublé, l'aident à se rétablir. Entre les régions souterraines et l'atmosphère extérieure il n'y a point de commerce électrique ; mais, dans ces régions souterraines, à une plus ou moins grande profondeur, se rassemblent, s'accumulent tous les genres de substances mobiles, calorique, gaz, eau, vapeurs, que l'action vitale du globe produit sans cesse. Lorsque cette production est devenue fortement supérieure aux moyens permanents d'écoulement et de consommation, une secousse volcanique devient nécessaire ; les puits artésiens, pourvus d'une cavité tubulaire donnant issue non-seulement au calorique, mais à l'eau, aux vapeurs et aux gaz, peuvent seuls aider l'encombrement à se dissoudre.

INDUCTIONS PHYSIOLOGIQUES.

Le phénomène qui nous occupe, le jaillissement de Grenelle, a pour cause l'expansion centrale du globe terrestre ; nous l'avons démontré. Dans le corps de l'homme, tous les phénomènes de son action vitale sont également le fruit de l'expansion qui l'anime. Nous devons donc trouver des analogies entre la vitalité humaine et la vitalité planétaire. Voici les principales :

Le corps de l'homme, tributaire alternatif de sa propre expansion qui travaille à le dilater de son centre à sa circonférence, et de l'expansion environnante qui travaille à le condenser de sa circonférence vers son centre, est sans cesse en mouvement alternatif de systole et de diastole. Cette pulsation périodique, cette *vibration*, est l'état essentiel et continu de tout corps libre dans l'espace. Les étoiles scintillent sans cesse ; le globe terrestre ne cesse d'effectuer, par l'ensemble de sa masse, un mouvement semblable ; nous ne l'apercevons pas directement parce que nous lui sommes associés, mais il devient sensible à nos regards toutes les fois que nous construisons un puits artésien ; les premiers jets n'arrivent jamais que par saccades, et la sonde, qui les provoque, exécute un mouvement d'oscillation semblable à celui d'un pendule. Lorsque, ensuite, la sonde est retirée, l'intermittence du jaillissement se maintient, si le puits est d'une faible profondeur et le jet d'un faible volume. A Grenelle, l'intermittence a commencé par être très-marquée ; mais bientôt du volume et de la longueur énorme de la colonne aqueuse il a résulté que chaque fragment lancé pendant le diastole de la planète a eu le temps de retomber, par la supériorité de son poids, sur le fragment moins volumineux qui le suivait ; ce qui, au sommet de la colonne, a paru avoir égalisé le mouvement.

C'est ainsi que, à l'extrémité de notre système artériel, la pulsation périodique ne nous est plus sensible ; mais elle y existe, elle y est nécessaire, puisqu'elle existe au *cœur*, au centre de ce système. De même la pulsation périodique existe, de pleine nécessité, au *cœur*, au centre, à la source des eaux artésiennes, des vapeurs, des gaz, de tous les genres d'émission terrestre. En généralité absolue, elle existe au centre, au cœur de tout être dont les mouvements sont libres, et dont la décomposition n'arrive pas encore. Cette pulsation périodique, cette vibration constante, est l'un des deux symptômes caractéristiques de la *vie ;* la transsudation rayonnante de la substance intérieure est le second symptôme, aussi essentiel que le premier. Ces deux actes continus commencent ensemble au premier instant de l'existence vitale ; ils finissent ensemble lorsque la vie se termine ; l'intervalle de la naissance à la mort est tracé par leur affaiblissement graduel.

Ainsi, le globe que nous habitons, sans cesse vibrant et transpirateur, a battu sur lui-même, et a rayonné sa substance intérieure avec plus d'énergie qu'il n'en possède à l'époque actuelle. Les traditions historiques et les monuments géologiques attestent, en effet, combien les agitations de la surface ont jadis surpassé en fréquence et en violence celles d'aujourd'hui, et elles marchent vers le repos. Graduellement, les volcans s'affaiblissent ; un grand nombre sont déjà éteints. Lorsque tous ne montreront plus, comme ceux de l'Auvergne, que les points du globe où ils auront existé, le globe tout entier sera entré dans la vieillesse.

On voit ainsi que les explosions volcaniques, dans la vie du globe, sont représentées, dans la vie de l'homme, par les hémorragies spontanées : celles-ci sont fréquentes et abondantes pendant l'enfance, elles s'affaiblissent pendant la jeunesse, elles s'éteignent dans l'âge mûr ; le vieillard ne les connaît plus.

Les puits artésiens, n'étant, pour le globe, que de très-petites hémorragies artificielles, perdront nécessairement toute vigueur lorsque le globe sera arrivé à son dernier âge. Le puits de Grenelle, s'il se maintient encore, n'aura plus qu'un faible jaillissement et une pulsation indolente.

Quelle force n'aurait-il pas eue, il y a vingt siècles, à cette place même où il a été creusé ! Le sol y était si condensé par les revêtements de sa surface ! Dans cette plaine de Grenelle et de Vaugirard, aujourd'hui si sèche, si aride, se rassemblaient, il y a deux mille ans, les druides, abrités dans leurs mystères par l'épaisseur des forêts ; ils immolaient peut-être à leurs divinités barbares des victimes humaines au lieu même où aujourd'hui nous dévouons à notre nourriture de paisibles animaux.

A cette même époque où, sur toute la surface du globe, l'eau centrale était si fortement retenue, il put suffire à Moïse d'arracher de sa place un rocher d'Égypte pour en faire jaillir une eau abondante. Aujourd'hui, dans la haute Égypte et dans toutes les contrées habitées depuis longtemps, le sol extérieur, exploité, tourmenté à l'excès, a perdu toute consistance ; les vapeurs centrales ne peuvent plus s'y arrêter. On n'obtiendrait plus un jaillissement artésien du sol qui porta l'ancienne Babylone, et qui s'épuisa pour fournir à sa splendeur. Vainement sur notre terre d'Afrique on tenterait ce moyen de ressusciter Carthage, l'eau centrale s'y refuserait. Carthage est morte, ainsi que Thèbes, sur le même rivage ; leurs squelettes, cariés, stériles, ne sont que de la poussière, le sang n'y a plus de canaux ; et tel sera bientôt l'état de toute l'Algérie, elle marche vers la caducité. Ce n'était pas la peine d'y jeter tant d'hommes et de trésors.

Mais le sol de Paris ! Remercions le jaillissement de Grenelle d'être venu nous montrer combien sa vitalité est encore puissante. Quelle force de jet ! et, quand on le contraint à ne pas s'élever au-dessus de la surface, quel bouillonnement, quelle chaleur, quelle irritation contre les obstacles qui le retiennent !

Mais cette vitalité puissante est-elle sans dangers ? On a observé, à la Guadeloupe, à la Martinique, à Saint-Domingue, dans tous les lieux désolés par des tremblements de terre, que les parties de la surface chargées d'épaisses habitations sont celles que l'irritation souterraine bouleverse avec le plus de violence, parce qu'elles la réduisent à s'accumuler plus longtemps. Peut-on être sans craintes pour l'immense ville de Paris, qui, chaque jour, s'augmente de constructions nouvelles ? Le sort de Lisbonne, il y a un siècle, ne menacera-t-il jamais la capitale des beaux-arts et de l'intelligence ? Non, non, qu'elle se rassure, le puits de Grenelle la garantit par le soulagement contenu qu'elle donne à l'encombrement auquel ses bases souterraines sont exposées. Selon toute vraisemblance, il lui fournira les moyens d'attendre paisiblement l'époque où les convulsions volcaniques du globe, ce que nous avons appelé ses hémorragies spontanées, ne seront plus à craindre, ni à Paris, ni même dans les Antilles ; ce sera une des compensations de la vieillesse.

Et la terre vieillira à force de siècles comme chacun de nous à force d'années ! Le jaillissement de Grenelle, au lieu de la destination qui lui est réservée, aurait pu recevoir celle d'indiquer les progrès de l'âge du globe. Si, dès aujourd'hui et pour toujours, on accordait au jet la saillie qu'il ambitionne, c'est à 300 pieds, à 400 peut-être, qu'il s'élèverait et s'arrêterait. Mais dans les temps futurs, et de siècle en siècle, si ce n'était à des intervalles plus rapprochés, la succession des observateurs verrait sa hauteur et son ardeur diminuer d'une manière plus ou moins sensible.

Ah ! sur une échelle de temps moins étendue, chacun de nous est destiné à tracer une histoire semblable. Qu'un homme très-fort de tempérament natif se fasse saigner une fois tous les ans ; à mesure qu'il s'éloignera de l'enfance, sa force centrale ne cessant de décroître, son jet de sang ne s'élancera qu'avec une vivacité également décroissante. Lorsqu'il sera près de mourir, son sang, déjà presque froid, ne jaillira plus ; il coulera mollement sur sa surface. Enfin, lorsque le cœur ne battra plus, le sang aussi restera immobile ; et plus de transpiration subtile, plus de rayon-

nement vital, plus de chaleur. La vie et la mort de tous les êtres
ont une marche analogue. La vie est l'expansion vibrante et jaillissante ; la mort est l'expansion dissolvante sans vibration ni jaillissement.

DERNIERS APERÇUS.

L'eau intérieure, avons-nous dit, est le sang du globe. L'analogie est exacte ; suivons-en les conséquences.

Le sang, dans le corps de l'homme sain et actif, se meut sans
cesse ; il y est le véhicule de toutes les substances cherchant la
place qui leur convient ; c'est par lui que se forme et s'entretient
l'économie de l'ensemble ; ceux de ses principes qui n'y concou-
rent pas traversent l'enveloppe, s'échappent sous forme de sueur
ou de fluides subtils.

Qu'arrive-t-il si l'on ouvre, même par une légère piqûre, l'un
des canaux intérieurs que le sang ne cesse de parcourir ? A l'instant il jaillit ; l'alimentation intérieure, qui allait être produite
par celui qui s'évade, se trouve prévenue, et il en est de même
de la transsudation des principes surabondants dont il allait se
dépouiller.

Le sang terrestre, l'eau intérieure, sert de même, dans le sein
du globe, au transport, à la distribution, à l'élaboration des substances qui y cherchent leur place et leur équilibre. La retirer
brusquement par une saignée artésienne, c'est inévitablement
porter préjudice à cette distribution ; c'est prévenir surtout, autour du point où la saignée est faite, la transsudation tacite, soutenue des vapeurs qui, finissant par s'atténuer au degré nécessaire, auraient pénétré jusqu'à la surface, et là, mêlées au gaz
de l'atmosphère, se seraient soumises à l'aspiration vitale des végétaux et des animaux.

Toute émission de sang qui n'est pas naturelle, qui ne vient
pas spontanément comme les éruptions volcaniques est nécessairement funeste à l'économie organique de l'homme qui la subit.
Il en est de même du sang terrestre, de l'eau intérieure ; les volcans seuls ont le droit de faire, de son émission extérieure et
forcée, un soulagement.

Sans doute, toute piqûre artésienne, même celle de Grenelle,
comparée à la surface du globe, est d'une petitesse qui la rend

imperceptible : le préjudice, considéré aussi dans l'ensemble du globe, est extrêmement faible ; mais il n'est pas nul, surtout au point qui a été choisi pour le recevoir. Qui pourrait dire à quelle étendue de surface correspondait la fumigation souterraine qui vient d'être absorbée par la colonne aqueuse de M. Mulot? A beaucoup plus peut-être que tout le sol de Paris.

Au reste, il en est ainsi de tous les avantages que l'homme se procure par son industrie et que la nature seule ne lui aurait pas donnés. La nature en souffre, ce qui, dans l'avenir, se réfléchit sur l'homme lui-même ; car l'homme ne vit que de la nature et par la nature.

Ce n'est donc point sans compensation que M. Mulot a fait aux Parisiens le beau présent d'une fontaine monumentale. Ses eaux, rassemblées en un jet magnifique, ont subitement remplacé une immense quantité de filets alimentaires répandus et cachés sous l'écorce du sol. La prospérité industrielle du peuple de Paris va être augmentée, et cette prospérité importe à la France entière ; mais la puissance végétale du sol parisien et des plaines environnantes va s'affaiblir ; et, dans un avenir, lointain sans doute, mais inévitable, les effets soutenus de cet affaiblissement porteront leurs fruits. Par l'influence du puits de Grenelle, s'il se maintient, Paris cessera un peu plus tôt de pouvoir entretenir une population nombreuse ; les ruines de ses édifices rappelleront un peu plus tôt les ruines de Babylone, et le globe lui-même en marchera un peu moins lentement vers la mort.

Faut-il donc fermer le puits de Grenelle? Ce serait bien dommage. Et aujourd'hui peut-être ce serait impossible ; la force centrale n'abandonnerait pas aisément une issue si favorable à son exercice.

D'ailleurs, nous reconnaissions tout à l'heure que le puits de Grenelle était, pour la ville de Paris, un préservatif contre des secousses volcaniques, préservatif qui, peut-être, restera toujours inutile. Mais il en est ainsi de toutes les précautions réclamées par la prudence ; il en est souvent de superflues parmi celles que l'on a fait sagement de préparer.

A ce titre de sage précaution, un puits artésien serait bien placé au centre de chaque grande ville ; ces lourds amas d'épais recouvrements, sur certains points de la surface que la nature destinait à être libres, donnent en réalité, à ces points surchargés une complexion apoplectique contre laquelle il serait bon de ménager un exutoire régulier. N'oublions pas, d'ailleurs, que ce genre d'exutoire, par cela même qu'il est artificiel, ne peut, comme nous l'avons dit, qu'endommager la vie du globe et en abréger la durée; mais nous, existant aujourd'hui, et, sur le sol que nous occupons, devant laisser après nous nos amis, nos familles, nous sommes bien excusables de préférer leur sécurité et la nôtre à un prolongement, léger peut-être, de la vitalité planétaire.

C'est, néanmoins, dans les campagnes pleinement découvertes et non dans les villes grandes ou moyennes, que, pour l'intérêt de générations très-éloignées, nous devrions être économes de puits artésiens. Mais voilà ce que toutes nos représentations n'obtiendraient pas. Partout où un puits artésien pourra féconder une propriété rurale, comment se défendre de l'y établir?

Les peuples civilisés sont essentiellement consommateurs des forces de la nature; plus ils se développent, plus deviennent abondantes les contributions qu'ils lui imposent. Voyez ces chemins de fer que tant d'intérêts préconisent, sollicitent, et qui, par compensation aux avantages dont ils seront la source, précipiteront les engorgements de la concurrence sociale par l'émulation de l'industrie, la vieillesse du territoire par les encouragements qu'ils donneront à son exploitation, enfin la mobilité des caractères par la multiplicité et la rapidité des plaisirs!

S'il est une planète qui ne soit habitée que par des tribus sauvages, cette existence morne et sans valeur lui promet, du moins, une longévité bien supérieure à celle de notre globe, si brillant de sociétés nombreuses qui, toutes, poursuivent avec ardeur le bien-être individuel, les créations du génie mécanique, l'éclat du luxe, les découvertes de l'intelligence, les merveilles si dispendieuses de la dignité sociale, et celles des beaux-arts. Mais tous ces biens, assurément véritables, aboutissent, en dernier résultat, à un immense surcroît de population qu'il faut nourrir, et d'habitudes, de fantaisies, de passions, d'exigences qu'il faut satisfaire. Le sol terrestre ne saurait, à beaucoup près, y suffire par son revenu producteur; il faut que sans cesse il entame son capital, qu'il s'expose aux fureurs des météores, aux calamités les plus désastreuses. Nous ne l'éprouvons que trop depuis quelques années.

Dirons-nous, pour cela, à ces peuples dissipateurs: Arrêtez-vous, revenez en arrière! ils ne nous écouteraient pas; ils ne pourraient pas nous écouter. Une fois en mouvement de progrès saillant et affermi, tout peuple qui essayerait de rétrograder s'exposerait brusquement à une pléthore sociale, source immédiate de troubles violents, de malheurs extrêmes.

Acceptons nos destinées et leur balancement équitable de jouissances et de souffrances; ménageons, sans doute, l'avenir, mais non jusqu'à lui jeter le présent en holocauste; car, à cette condition, notre avenir même ne viendrait pas; nous nous serions donné la mort. Tâchons seulement, pour résumer notre thèse philosophique, tâchons de ne pas trop précipiter, par nos chemins de fer, le développement extérieur du sol de la patrie, et par nos puits artésiens l'affaiblissement intérieur de son alimentation. Usons de nos brillantes découvertes, n'en abusons pas.

Le puits artésien de Grenelle a été creusé, comme tous les puits artésiens, au moyen d'une sonde composée d'un outil de forage tenant, par un manche, à une suite de tiges entrant les unes dans les autres, boulonnées ou vissées, et ayant à leur sommet une manivelle mue par des chevaux, de manière à imprimer à la sonde un mouvement de rotation, lequel force l'outil à enfoncer.

Les outils sont de différentes formes, suivant leur usage et suivant les terrains. Cependant on peut les diviser en deux catégories principales : 1° les outils à percussion, que l'on nomme *trépans*, espèce de ciseau : pour s'en servir, on soulève la sonde, puis on la laisse retomber, en ayant soin, à chaque percussion, de faire faire à l'instrument un quart de révolution ; 2° la *tarière*, outil qui agit par rodage et qui consiste en un cylindre creux, une mèche mordante et un mentonnet pour soutenir les matières. Le trépan est employé pour agir sur les roches, les silex, les calcaires ; la tarière dans les terrains sablonneux, argileux, etc., et aussi pour enlever ce que le trépan a broyé. Les matières liquides s'enlèvent au moyen d'une *cuiller à soupape*, cylindre dans l'intérieur duquel est placé un lourd boulet mobile. Lorsque la cuiller s'enfonce, le liquide pressé soulève le boulet et pénètre dans le cylindre ; dès que la sonde a cessé de travailler, le boulet retombe et bouche exactement l'orifice. Certains sables ou cailloux nécessitent l'*entonnoir à sable*, le *tire-bourre*, etc. Enfin il y a des outils pour élargir, calibrer, etc., et les outils destinés à réparer les accidents, par exemple à retirer les sondes cassées.

Le *manche* est une tringle de fer carrée d'environ 0^m,07 d'épaisseur, et qui est liée par son extrémité inférieure à l'outil, par son extrémité supérieure à la tige qui lui communique le mouvement. Cette tige est terminée par une partie méplate, laquelle s'engage dans un étrier formé par le sommet du manche. On lui donne la longueur nécessaire en la prolongeant par d'autres tiges semblables vissées ensemble. On comprend que, pour remonter l'outil et le remplacer, s'il s'agit du trépan, ou le vider, s'il s'agit de la tarière, il faut dévisser les tiges, qui ont ordinairement 8 mètres de long, et ne laisser à la sonde que la longueur permise par la chèvre qui la supporte. Les manœuvres du puits de Grenelle, c'est-à-dire l'allée et le retour d'une chaîne de tiges, duraient quelquefois six à sept heures. L'ensemble des tiges formant la sonde avait fini par peser 31 milliers de kilogrammes.

Après sept ans de travaux, l'eau de Grenelle jaillit le 26 février 1841; son volume est de 3,400,000 litres par vingt-quatre heures; sa température est, en arrivant au sol, de 27°,7 de chaleur; le jet, à partir du sol, de 112 pieds.

Le puits de Grenelle a coûté, pour le forage, 263,000 francs, et pour les tubes 46,000 francs; total, 309,000 francs.

Voici l'analyse de 1 litre de l'eau de Grenelle donnée par M. Payen en 1841, et par MM. Boutron et Henri en 1845 :

Analyse de M. Payen,

	gr.
Carbonate de chaux.	0,0680
— de magnésie.	0,0142
Bicarbonate de potasse.	0,0296
Sulfate de potasse.	0,0120
Chlorure de potassium.	0,0109
Silice.	0,0057
Substance jaune particulière.	0,0002
Matières organiques azotées.	0,0024
	0,1430

Analyse de MM. Boutron et Henri.

	gr.
Bicarbonate de chaux.	0,0292
— de magnésie..	0,0092
— de potasse.	0,0100
Sulfate de potasse..	
— de soude.	0,0320
Chlorure de potassium et de sodium.	0,0570
Silice.	0,0100
Alumine et oxyde de fer.	0,0020
Matières organiques.	Traces.
	0,1494

PARIS. — IMPRIMERIE DE MADAME VEUVE BOUCHARD-HUZARD, RUE DE L'ÉPERON, 5.

OUVRAGES D'AZAÏS

(LIBRAIRIE DE LEDOYEN, GALERIE D'ORLÉANS, 31).

Essai sur le monde, 1806. 1 vol. in-8.

Système universel. 8 vol. in-8.

Des compensations dans les destinées humaines, 5ᵉ édition précédée d'une notice sur la vie et les ouvrages d'Azaïs. 1 fort. vol., format Charpentier.

Le nouvel ami des enfants. 12 vol. in-18.

Les deux frères de lait, ou l'Éducation mutuelle. 1 vol. in-12.

Un mois de séjour dans les Pyrénées. 1 vol. in-8.

Manuel du philosophe, ou Principes éternels. 1 vol. in-12.

Jugement impartial sur Napoléon.

Du sort de l'homme dans toutes les conditions. 3 vol. in-12.

Cours de philosophie générale. 8 vol. in-8.

Explication universelle. 3 vol. in-8.

Idée précise de la vérité première et de ses conséquences générales. 1 vol. in-8.

De la vraie médecine et de la vraie morale. 1 vol. in-12.

Physiologie du bien et du mal (ouvrage couronné par l'Académie française). 1 vol. in-8.

Constitution de l'univers. 1 vol. in-8.

De la phrénologie, du magnétisme et de la folie. 2 vol. in-8.

Jeunesse, maturité, religion, philosophie. 1 vol. in-8.

Explication générale des mouvements politiques. 1 vol. in-8.

Le précurseur philosophique, ou indication précise du vrai fondamental en science positive, en morale individuelle, en morale politique (1844). Brochure.

PARIS. — IMPRIMERIE DE Mᵐᵉ Vᵉ BOUCHARD-HUZARD, RUE DE L'ÉPERON, 5.

www.ingramcontent.com/pod-product-compliance
Ingram Content Group UK Ltd.
Pitfield, Milton Keynes, MK11 3LW, UK
UKHW031740170726
13836UKWH00002B/778